Información

La Clave para entender la Complejidad

Santiago Roel R.

Diciembre 2012

Traducido al español por el autor

Reseña

En el afán de explicar el éxito del modelo de prevención social de la violencia y la delincuencia -Semáforo Delictivo- desde un punto de vista teórico, el autor utiliza conceptos de la Teoría del Caos y la Teoría de los Sistemas Complejos. Publica un ensayo previo titulado *¿Cómo emerge el Orden en los Sistemas Sociales?* En ese ensayo el autor propone dos conceptos nuevos a la teoría: La intención y la información como elementos claves para la emergencia del orden.

En este libro el autor explora el tema de la información desde todos los ángulos de la ciencia moderna pero va más allá, pues encuentra elementos que no se mencionan en la teoría y que son útiles no sólo a los sistemas sociales sino para el resto de las disciplinas. Lo hace desde una perspectiva fresca y desligada de los paradigmas actuales.

¿Qué es la información?

¿Cómo interactúa con la energía y la materia?

¿Es este un Universo que procesa la información?

¿Qué son los campos informáticos? ¿Qué implicaciones tienen?

¿Es éste un Universo consciente?

Santiago Roel R

¿Por qué la ciencia no ha podido desligarse del paradigma mecanicista?

Estos son algunos de los cuestionamientos que el autor se hace y nos invita a explorar.

ISBN-13: 978-1512043150

ISBN-10: 151204315X

Información: La Clave para entender la Complejidad

Santiago Roel R

Perfil del Autor

Santiago es especialista en sistemas de Calidad en el sector público y en empresas e instituciones de servicio. Se ha desempeñado en los tres niveles de gobierno: municipal, estatal y federal. Algunos de sus puestos más relevantes han sido:

- Director de Modernización del Gobierno de Nuevo León (91-92)

- Coordinador de Planeación y Secretario Técnico del Gobierno de Nuevo León (92-93).

- Oficial Mayor del Gobierno de Nuevo León (93-95).

- Director General del Centro de Capacitación y Calidad de Nuevo León (95-96).

- Responsable del Programa de Modernización del Gobierno Federal (96-98)

- Director General de RRS y Asociados, SC.

- Fundador del Semáforo Delictivo

Es autor de otros libros:

- Cómo emerge el Orden en los Sistemas Sociales (2012)

- **Estrategias para un Gobierno Competitivo**: Cómo lograr Administración Pública de Calidad (1996)

- **Entre el Águila y la Serpiente**: Visión de un México Moderno (1998)

- **Entre el Orden y el Caos (Historia del Semáforo Delictivo o cómo reducir** radicalmente la delincuencia) (2009)

En el ámbito nacional, es considerado el pionero en Calidad para gobierno y destaca por su habilidad práctica para aterrizar sistemas de planeación y medición a través de indicadores de desempeño, desde lo estratégico, hasta el control de Calidad en los servicios.

Es considerado un pionero en Sistemas Sociales Complejos y Teoría del Caos aplicado a lo social.

Es el creador del Semáforo Delictivo metodología y herramienta de toma de rendición de cuentas y toma de decisiones con las que algunos estados y municipios han bajado radicalmente la delincuencia. Esta herramienta se puede consultar en www.semaforo.mx

Para mayores informes contactar al autor en prominix@gmail.com

www.prominix.com

Facebook personal: Santiago Roel R

Facebook Semáforo Delictivo

Twitter @semaforodelito

Prefacio- Un apunte personal

En mi vida he enfrentado diferentes visiones existenciales, pero básicamente dos visiones opuestas que tienden a oponerse y a crear conflicto entre el mundo "espiritual" y el mundo "real", el *otro* mundo y *este* mundo.

De niño, antes de iniciar la escuela, a veces sabía porque un evento había pasado, o iba a pasar. El ajuste a la vida como un nuevo medio no fue tarea fácil. En esos años me preguntaba qué era lo que estaba haciendo aquí. Lo que realmente me cuestionaba era *¿qué es lo que estoy haciendo en esta dimensión?* Pronto entendí que esta conexión holística e instantánea no era común a todos o no todos estaban dispuestos a hablar de ella, así es que aprendí a callar. Sin embargo, al no haber ido sido educado dentro de una religión o con una explicación mítica del mundo tuve libertad de explorar por mi propia cuenta.

En primaria todo se centró en tratar de aprender a ser la persona en la que me estaba convirtiendo y en relacionarme con el nuevo entorno. Trataba de resolver el conflicto entre las reglas sociales y las *otras* reglas para alcanzar un equilibrio funcional. Oscilaba entre el ser muy sociable y el pasar muchas horas en soledad.

En mi adolescencia el conflicto hizo crisis de nuevo y me volví un poco ermitaño y filosófico. Caminaba mucho, me gastaba mi dinero en libros y aprendí un poco de yoga. Viviendo solo en una casa de campo antes de la universidad experimenté extraños eventos sincrónicos. Esta fase finalmente la resolví al volverme sociable de nuevo; terminé mi carrera, empecé un negocio y me casé. El mundo real me había sacado de la introspección.

A los 33 (edad parte-aguas) viví una fuerte crisis y eso me llevó a dejar de pensar tanto en mi mismo y más en lo social. En ese momento empecé con el tema de la reforma administrativa en gobierno. Fue un momento muy energético. También empecé a escribir como editorialista dos veces por semana. Muchas veces, una hora antes del tiempo límite de entrega, me sentaba frente a la computadora con la mente en blanco y dejaba que el artículo emergiera por sí mismo. Todo esto sucedía sin esfuerzo, yo sólo llenaba los detalles. Estos artículos espontáneos e inconscientes eran los más apreciados. También regresé a terapia sicoanalítica para entender y resolver conflictos pendientes de mi infancia y una vez más, adaptarme al mundo *real*. Al mismo tiempo me interesé en filosofías trascendentales y aprendí a interpretar símbolos y arquetipos. Me reconecté al mundo mágico. Al final de mi terapia puse a prueba mis nuevos conocimientos ante mi terapista- una persona sumamente escéptica- y le hice una interpretación arquetípica. A pesar de no saber nada sobre él, como es normal en la sicoterapia, le di información muy detallada sobre su vida, sus lecciones, su carácter y sus sueños. Estaba estupefacto con toda esta información que, hasta entonces, sólo él sabía.

Intentaba integrar los diferentes aspectos de mi ser. Cada fase de mi vida me traía una liberación inicial, un periodo de beneficios –espirituales, intelectuales y materiales- y luego una nueva crisis en donde todo a mi alrededor se disolvía. Con cada crisis me desintegraba y me reintegraba en una nueva versión de mi mismo pero en un diferente nivel de conciencia.

Hace once años, al empezar una nueva crisis, mis padres murieron en el término de unos meses. Pude ayudarles en el tránsito hacia la otra dimensión en una experiencia mística. Esta crisis resultaría ser mucho más prolongada y profunda que las anteriores (como suelen ser las crisis de la edad mediana). Uno de los miembros de mi familia perdió contacto con la realidad por causa de lo que ahora sabemos es una epilepsia en el lóbulo temporal. Aprendimos –con dolor- los graves riesgos de la medicina linear y atomista que llevaron a la familia hacia el caos. Teniendo mejor entendimiento del simbolismo, utilice la meditación y la música para reconectarme al Universo. Aprendí, aprendimos, a sanarnos y a sanar a otros.

En este periodo fui jalado nuevamente hacia la consultoría gubernamental, específicamente a la prevención social de la delincuencia. El modelo que desarrollamos fue altamente exitoso pero no sabía por qué lo era, así es que me interesé en la explicación teórica, sobretodo en la teoría de la complejidad. En el proceso encontré una nueva dicotomía entre lo que yo sabía que funcionaba en la práctica y lo que los autores proponían desde la teoría.

No me conformo fácilmente a la verdad establecida y a la autoridad, pero esta vez no estoy tratando de oponerme sino de integrar.

Introducción

En Junio del 2010 publiqué *¿Cómo emerge el orden en los Sistemas Sociales?* En donde intenté explicar el éxito de nuestro modelo de prevención social de la delincuencia desde la Teoría de los Sistemas Complejos y la Teoría del Caos . Entre otros conceptos, pudimos encontrar puentes entre nuestro modelo y la teoría: la sensibilidad de los sistemas complejos a las condiciones iniciales, la imposibilidad de predecir los resultados en la complejidad, la *no-linealidad* de la vida, la similitud del sistema en sus diferentes *escalas*, el cómo *emerge* la complejidad a partir de la *iteración* de reglas simples, la tendencia del sistema a comportarse dentro de ciertos parámetros con la existencia de un *atractor*, y con mayor relevancia, al hecho de que el orden emerge naturalmente en un sistema.

Los sistemas complejos no pueden ser controlados, de hecho, el paradigma del control es contrario a la creación de un mejor medio ambiente o para la obtención de mejores resultados; es mucho más poderoso el fortalecer la capacidad inherente del sistema para auto-organizarse (encuentro el término de *auto-organización* mucho mejor que el de *auto-regulación* ya que éste último tiene connotaciones mecanicistas).

En el artículo anterior dijimos: "El paradigma del control es altamente ineficaz y costoso puesto que es anti-natural. Las peores políticas y los sistemas más improductivos, ya sean políticos, económicos, sociales o educativos, se crean cuando se pretende controlar a las personas. El control debe considerarse sólo como una medida extrema y temporal; las reglas que trabajan con la autonomía de las partes son una mejor elección".

¿Cómo encaja todo esto en nuestro modelo?

El modelo de prevención social de la delincuencia y la violencia que desarrollamos, crea las condiciones para que el orden emerja de manera natural. No hacemos planes complejos; focalizamos en los resultados, observamos al sistema "desde afuera" con una perspectiva holística; medimos frecuentemente y ajustamos las acciones conforme a los resultados obtenidos; trabajamos en equipo entre dependencias gubernamentales, y muy cercanamente con la comunidad. Con cada iteración mensual, las estrategias se ponen a prueba y se refuerzan o descartan conforme a su efectividad.

Por experiencia, y con ayuda de gráficas históricas, generalmente sabemos cuando un delito va a subir y tomamos las medidas preventivas necesarias para contrarrestar esta tendencia esperada. El pronóstico exacto no es nuestro objetivo (sería una ilusión), el propósito es mantener al equipo alerta y creativo, tanto para entender los eventos *comunes* al sistema como los *extraordinarios* o eventos aleatorios que causan una gran variación; Deming hablaba de causas comunes y causas especiales. Constantemente aprendemos y nos adaptamos conforme al desempeño del sistema. Este es el modelo básico:

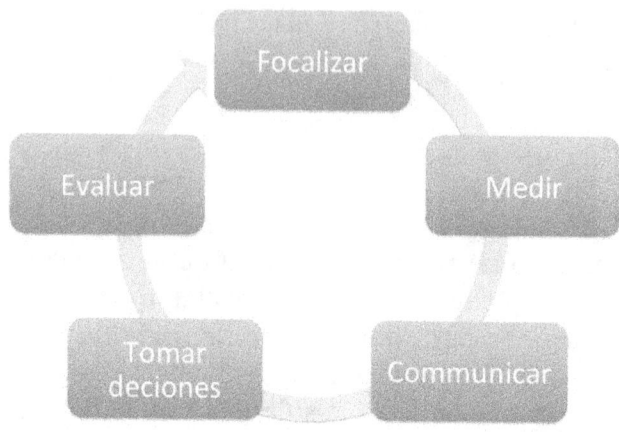

1. **Focalizar**. Aquí es donde arrancamos, en donde clarificamos la atención y la intención. ¿Qué vamos a observar? ¿Qué esperamos que suceda? ¿Cuál es nuestro propósito? ¿Qué queremos?
2. **Medir**. Es más que medir pues realmente lo que hacemos es extraer información relevante del sistema. Tratamos de entender lo que el sistema nos "dice". Focalizamos tanto en los resultados como en el impacto de los mismos (*outputs, outcomes*). Tanto la información cualitativa como la cuantitativa son relevantes para entender al sistema.
3. **Comunicar**. Le regresamos información relevante al sistema. La información debe ser útil para obtener el resultado deseado.
4. **Tomar Decisiones**. Todas las partes del sistema toman decisiones. No hay ningún afán de control en el proceso de decisión.

Enfatizamos el propósito común y el trabajo en equipo entre dependencias y con la comunidad.

5. **Evaluar.** Extraemos la información necesaria para evaluar los resultados obtenidos contra los deseados.

6. **Iterar.** Repetimos el ciclo y permitimos que es sistema aprenda en cada iteración. La información y el conocimiento se crean con cada iteración.

La incidencia delictiva es una gran fuente de información pues puede ser obtenida tan frecuentemente como se desee: diariamente, por semana o por mes. Esta facilidad permite una iteración rápida del sistema-eso es fundamental. También utilizamos encuestas al cliente (víctimas) y conocimiento del personal operativo del sistema, quien siempre está más cerca del cliente.

Este modelo es totalmente diferente a los programas tradicionales contra el crimen –o cualquier otro programa convencional sea de gobierno o de empresa –ya que éstos tienden a concentrarse en *acciones predeterminadas* y en el deseo de *controlar* actividades de manera jerárquica. En un programa tradicional contra el crimen las acciones generalmente se centran en inversiones en equipo y en capacitación a los policías con el fin de mejorar la *reacción* ante las emergencias. También pueden incluir programas que fortalecen la procuración de justicia. La reacción inmediata y la procuración expedita son útiles, sin duda, pero no logran reducir radicalmente los índices delictivos por varias razones:

- Están orientadas a la actividad y no observan lo más importante: los resultados.
- No trabajan con todo el sistema.
- Son reactivas en lugar de preventivas.
- El proceso de toma de decisiones es lento y restringido por el presupuesto.
- No permite que el sistema aprenda a través de la experimentación y la innovación.

Esta manera linear, jerárquica y predeterminada de "resolver" problemas no está limitada a la seguridad o al gobierno, sino que aplica a la mayoría de las organizaciones.

En lugar de permitir que el orden complejo emerja de manera natural, las organizaciones tradicionales provocan caos, lo que es observable en fracasos, regulación excesiva, quiebras, insatisfacción de los clientes y los empleados, operaciones costosas, ineficiencia, etc. La manera "tradicional" de hacer las cosas se convierte en un obstáculo para entender integralmente y para reforzar la capacidad del sistema de adaptarse constantemente a su entorno.

¿Cómo se comparan ambos modelos?

Al aplicar nuestro modelo hemos logrado reducciones en todos o casi todos los delitos monitoreados. Las reducciones van desde un 25% hasta un 50%. Todo esto sucede en un periodo de entre 6 y 24 meses.

Comparativamente, los programas tradicionales salen bien librados si logran reducir la incidencia en un 5 o 10%. Sin embargo, si emerge una nueva variable la organización reacciona con lentitud y la incidencia puede volver a subir con facilidad. No hay mucho aprendizaje en la organización por lo que si el "responsable" se va, las cosas vuelven a la "normalidad", esto es, a las crisis constantes.

Un modelo natural del cual aprender

Nuestro modelo aplica no sólo a la prevención social de la delincuencia y la violencia sino a cualquier sistema social, incluyendo por supuesto al gobierno, las ONGs, las comunidades y las empresas. Mi experiencia y conocimiento no es en delincuencia sino en procesos de toma de decisión en ambientes complejos.

El modelo es exitoso porque busca seguir las reglas de cómo los seres humanos aprenden por experimentación. Lo hacemos todo el tiempo; lo hemos hecho desde el nacimiento. Esta es la manera en que aprendimos a caminar, hablar, montar bicicleta o a manejar un auto. Lo hacemos al socializar en una fiesta o caminar en el parque; lo hacemos al tocar un instrumento o practicar algún deporte; lo hacemos de niños y como padres; lo hacemos mientras no estemos dentro de una organización tradicional: frente a un escritorio en la escuela o en el trabajo. Lo hacemos cuando se nos permite hacer lo que mejor sabemos hacer: ser humanos.

Este es un magnífico ejemplo de lo que nos referimos, es un vídeo de cómo Sugata Mitra, especialista en educación, experimenta con niños la *auto-organización en el aprendizaje*: http://www.youtube.com/watch?v=dk60sYrU2RU &feature=feedf

Lo hemos hecho para evolucionar, pero en algún momento de nuestra historia, cuando empezamos a vivir en comunidades más pobladas y a crear estructuras de gobierno, diseñamos caminos poco naturales para resolver problemas y para organizarnos. Produjimos estructuras jerárquicas para controlar y dominar a otros.

Tuvimos éxito para entender sistemas mecánicos simples e independientes, supusimos que así era como el Universo funcionaba y extendimos la intención al crear organizaciones mecanicistas. Nos obsesionamos con la predicción y nos atemorizamos con la experimentación y así, creamos planes con la fantasía de que podíamos predecir y controlar el futuro. Pero el control es sólo una ilusión, contraria al aprendizaje y a la evolución. El mundo no es lineal, ni predecible, ni controlable como lo supone la mecánica clásica.

No todos trabajan así. Las organizaciones altamente exitosas, a las que el medio ambiente les demanda constante creatividad y capacidad de adaptación, se organizan de manera más natural: las jerarquías se podan o minimizan y los planes son vistos más como un *propósito* que como una camisa de fuerza. Los líderes de estas organizaciones focalizan en los factores más relevantes: propósito, reglas simples de trabajo, flujo constante de información y el mantener un ambiente creativo. La emergencia de nuevas ideas es permitida y su efectividad probada contra resultados a manera de juego y sin represalias.

Información: La Clave para entender la Complejidad

Santiago Roel R

La información como factor de ordenamiento en un sistema complejo

El elemento más interesante de nuestro modelo es la comunicación. Constantemente extraemos información del sistema, tales como indicadores delictivos y perfiles delictivos (cómo, dónde, a qué horas, qué días y de que manera se cometen los diferentes delitos) y los comunicamos a las autoridades participantes, a los medios de comunicación y con especial énfasis, a la comunidades en riesgo. El flujo de información relevante es la piedra angular de nuestro modelo y es una vía en dos sentidos: por una parte "escuchamos" lo que el sistema nos dice acerca de la inseguridad y por la otra, nosotros le "hablamos" al sistema de manera muy proactiva para alertarlo.

El mayor esfuerzo se dirige a la información y a la comunicación con el propósito de incrementar lo que llamamos *inteligencia preventiva* de todos los actores involucrados: víctimas potenciales, la policía, otras agencias gubernamentales, escuelas, ONGs, los medios de comunicación y la comunidad en general.

La información es lo que permite que el sistema aprenda, se auto-organice y evolucione mes a mes.

Los mejores ejemplos se encuentran en la violencia familiar y las violaciones. Hemos logrado reducir ambos delitos en casi un 75% exclusivamente con información. Lo hemos hecho básicamente informando preventivamente a las víctimas potenciales sobre el perfil delictivo. Ninguno de estos delitos puede evitarse con actividad policíaca (la violación es cometida principalmente por amigos y familiares cercanos a menores de edad y se comete, generalmente, en la casa de la víctima). Ninguno puede ser reducido mediante el mejoramiento de la procuración de justicia o la reacción oportuna ya que son delitos cuya denuncia es muy baja. Pero más relevante aun, lo que hacemos es focalizar en la prevención del delito, no en la reacción de la autoridad. La reacción es costosa y aun siendo sumamente exitosa, a diferencia de lo que muchos suponen, rara vez impacta en la prevención de la violencia y la delincuencia.

Un programa de seguridad tradicional o de cualquier otra área de gobierno, o de negocios, seguiría un camino muy diferente: reglas, regulaciones o procesos que deben cambiarse o agregarse. En la mayoría de los casos este intento de agregar más reglas de acción crea un resultado paradójico: el esfuerzo por controlar, en lugar de crear orden, provoca caos, precisamente, porque el exceso de regulación inhibe la experimentación, la creatividad y el aprendizaje.

En síntesis, un sistema complejo eficiente tiene muy pocas reglas y una gran cantidad de información. Por tanto, la información se vuelve fundamental para explicar como emerge el orden en los sistemas complejos en las parvadas, los enjambres, las manadas y las aglomeraciones.

Información: La Clave para entender la Complejidad

Santiago Roel R

Parvadas

Para explicar esto, inicio mis conferencias con un video de una parvada de miles de estorninos volando graciosamente al atardecer. Este es un bello ejemplo: http://www.youtube.com/watch?v=eakKfY5aHmY

La danza que realizan es hipnótica, extremadamente bien coordinada, llena de extraños patrones y movimientos sorpresivos. Poéticamente, podríamos decir que es la danza del *orden emergente*.

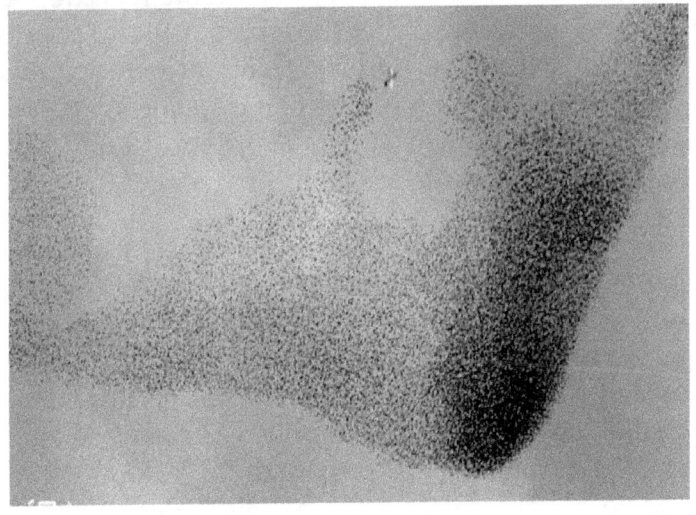

Mientras el público observa las imágenes con azoro, empiezo con algunas preguntas sencillas:

¿Me pueden decir dónde   está el líder?

Información: La Clave para entender la Complejidad

-No, no existe líder.

¿Cuál es el plan?

-No hay plan.

¿Podrían predecir lo que la parvada va a hacer?

-No

¿Existe orden en la parvada?

-Sí

¿Qué es lo que crea el orden en la parvada?

En esta última pregunta el público sugiere cosas como el instinto, la genética o la conducta aprendida. Todos estos son elementos de la fórmula para lograr el orden, sin duda, pero ninguno explica el orden emergente *inmediato*. Estos elementos son lo que llamo *reglas de acción* pero que no arrojan luz en el orden instantáneo; éste sólo se entiende por la información.

Me explico: Las aves transmiten información a la parvada con sus movimientos y al igual, reciben información de la parvada, de obstáculos que pudieran enfrentar y del espacio libre por donde vuelan. La parvada sigue ciertas reglas-como cualquier otro sistema complejo- esto es lo que está "determinada" o "programada" a hacer, pero lo que permite el orden complejo emerja, lo que permite que esas reglas entren en acción, es la información.

Si vendáramos los ojos de las aves afectaríamos la capacidad de auto-ordenamiento de la parvada, salvo que pudieran compensar con otro sentido con el cual recibir información.

Cuando el público entiende esto, la reunión se anima pues acaban de descubrir lo obvio: la información es el principal elemento para la emergencia del orden complejo. De ahí en delante, podemos extrapolar a otros sistemas como el tráfico vehicular, las conductas de aglomeraciones, los deportes, los negocios, las finanzas, la música, la educación, la economía, los movimientos sociales, la política, y claro, la delincuencia.

En India la reglas de tránsito son radicalmente diferentes a lo que estamos acostumbrados y esto resulta ser un shock para los visitantes novatos, como me sucedió a mi. Sin embargo, el flujo de autos, autobuses, motocicletas, rickshaws (taxis de tres ruedas), gente y animales es sorprendentemente armonioso a su manera y hay muy pocos accidentes (aunque mucha adrenalina); el flujo de alguna manera se va tejiendo y destejiendo de manera orgánica y misteriosa. Busquen "traffic in India" en Youtube o vean este video gracioso para captar lo que digo.

http://www.youtube.com/watch?v=KZBuDPx9r44 &feature=related

El misterio del trafico indio se resuelve si pensamos en la información como principio de organización, en oposición a nuestra tendencia natural de buscar el orden en las reglas de acción.

¿Acaso podemos extrapolar estos conceptos a otros sistemas complejos en la naturaleza?

Información: La Clave para entender la Complejidad

Yo creo que sí.

Reglas de acción (interacción)

Las reglas de acción están dadas en el sistema pero la información no, la información emerge, se crea constantemente en el sistema. La ciencia hace un gran esfuerzo por explicar estas reglas. La reglas se pueden describir desde la física, la química, la biología, la sicología o la sociología.

Si nos referimos a la energía, estas reglas han sido estudiadas desde diferentes perspectivas conforme a su manifestación: mecánica, magnética, termal, nuclear, elástica, etc. Si hablamos de campos, se expresan como gravedad, electromagnetismo, etc.

En comunicación o en teorías de la información, las reglas de acción pueden ser desde la perspectiva del receptor o del transmisor, desde el significado de la información o simplemente de la cantidad de información requerida para transmitir un mensaje.

Las reglas de acción, en realidad, son reglas de *interacción* pues se refieren tanto al individuo como a la relación del individuo con otros individuos del sistema, y del sistema con su entorno.

La idea fundamental aquí es entender la diferencia entre una regla de acción preestablecida y la información inmediata; este cambio de enfoque es el que nos permite entender la relevancia de la información en la emergencia del orden.

Información: La Clave para entender la Complejidad

Las reglas están predeterminadas y son el límite del sistema hacia un desempeño específico, pero la información es la que genera el orden complejo del sistema.

La información como elemento clave en la emergencia del orden- un cambio de paradigma

Esto me llevó a proponer a la información como el elemento clave en la emergencia del orden. ¿Es éste un concepto novedoso?

Por supuesto que existen muchas menciones y muchos capítulos y discusiones dedicadas a la información por los autores más prestigiados de la complejidad, pero hay una diferencia importante entre considerar a la información como un elemento o regla más dentro de la complejidad y el proponerla como el *elemento clave que permite, conforma y crea la complejidad.*

Este es justamente mi propuesta y esto implica un cambio de paradigma.

La intención- una controversia

También propuse algo mucho más controversial: que la intención podía afectar al sistema como lo había observado en mi experiencia. Y así, al analizar los sistemas sociales, concluí:

La acción sigue a la información, la información sigue a la intención.

Pero eso suena un poco lineal y aunque esto pueda suceder en algunos momentos, los tres elementos se influyen el uno al otro, por lo que este diagrama ofrece una mejor manera de visualizarlo:

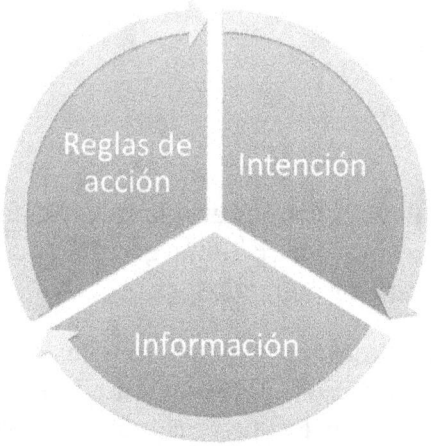

Por tanto, tenemos tres conceptos que nos ayudan a entender y analizar la complejidad:

a) Las *reglas de acción* del sistema
b) La *información novedosa* que se crea, recibe, procesa o transmite de manera instantánea
c) *La Intención*

La intención suena muy humana y por ende, pareciera restringida a los sistemas humanos, pero regresando al video de la parvada, recibo propuestas del público referentes al propósito. Una parte del auditorio no se conforma con la sugerencia exclusiva de las reglas de acción y la información. Proponen que además hay una especie de propósito en la parvada y yo estoy de acuerdo: Los sistemas complejos sí tienen un propósito, algo que se proyecta hacia el futuro; un resultado deseado.

Los científicos conservadores descartarán esta idea y tratarán de explicar este orden complejo, exclusivamente, por la interacción de la materia en una dirección de abajo-hacia-arriba, o para expresarlo en mis términos, por la exclusiva interacción de las reglas de acción y la información. En primera instancia esto puede sonar "científicamente correcto" pero en el fondo, se vuelve mucho más misterioso y metafísico que el aceptar un propósito en el sistema. En los sistemas biológicos, la aleatoriedad, por sí misma, no explica el orden complejo, como tampoco lo pudiera explicar la aleatoriedad y las reglas de acción. Se puede crear patrones complejos que parecen estar "vivos" porque interactúan para crear algo más complejo que las partes, pero de nuevo, esto no explican el orden complejo de una célula o de un organismo, mucho menos el de una conducta social o cultural.

Un embrión desarrollándose en organismo o una semilla convirtiéndose en árbol son procesos extremadamente misteriosos que de ninguna manera se pueden explicar exclusivamente por las reglas de acción y la información. El ADN quizá es el *lenguaje* de la vida pero no es el *programa* de la vida. Nos han llevado a pensar que el código genético es un programa. Esto equivale a decir que las letras o palabras están programadas para convertirse en frases y expresar sentido, o que la interacción aleatoria del código binario (0,1) eventualmente evolucionará en un software. Si eso fuera cierto, los organismos más complejos deberían tener un código genético más complejo y esto no es cierto; este descubrimiento, por cierto, ha sido una de las grandes decepciones de la genética. Así que el *programa* debe estar en otra parte.

Todo es información

Lo que en este ensayo propondré va un poco más lejos que solamente el análisis de los tres elementos(reglas de acción, información e intención). Propongo que en el fondo, los tres son lo mismo: *información.*

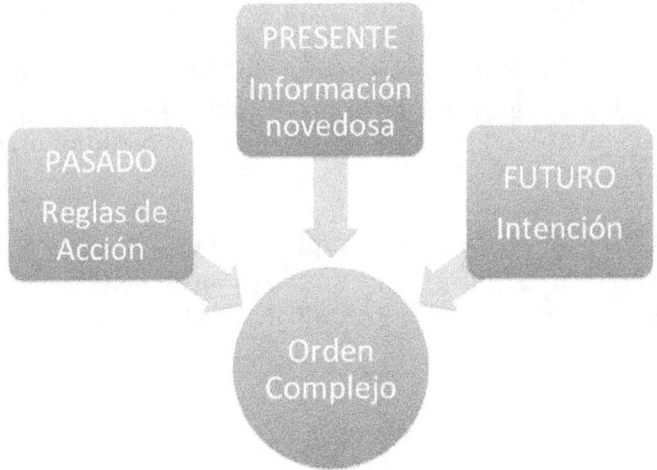

Desde mi perspectiva, los tres elementos son lo mismo, es sólo cuestión de enfoque. Las reglas de acción es información que se ha formado en interacciones e iteraciones previas; algo que el sistema ha *aprendido.* Se puede visualizar esto como información *cristalizada* o *coherente.* Esta es la parte más estable del sistema porque ha estado ahí por "mucho" tiempo y de alguna manera determina al sistema. Otra manera de verlo es como un *cañón* que se ha formado por el flujo iterativo de agua hasta convertirse en un *camino aprendido.*

La intención, por el otro lado, es un resultado deseado y por tanto es información proyectada hacia el futuro. Cómo y cuando se creó ese propósito es otra historia. Puede ser que se haya aprendido en el pasado o puede ser que haya emergido en el presente como una nueva intención a partir de la información novedosa, pero cualquiera que sea su origen, la dirección es *hacia el futuro.*

Por último, la información novedosa es la que emerge y la que enlaza a las reglas de acción y al propósito del sistema para crear complejidad en el presente.

Esto tiene muchas implicaciones y vamos a explorar algunas de ellas en este ensayo. Lo importante es no perder de vista el diagrama propuesto.

Santiago Roel R

Respuesta de la comunidad científica

Antes de seguir avanzando me gustaría comentar la respuesta de la comunidad académica a esta propuesta. Algunos la han descartado sin analizarla, otros han insistido que por lo menos, algo de la propuesta de la información está por ahí en la teoría de la complejidad. La mayoría ha evadido la propuesta de la intención. Los menos atados a ideas o instituciones convencionales han estado de acuerdo y algunos me han felicitado por este trabajo.

La retroalimentación ha sido muy enriquecedora, si no por su profunda contra-argumentación, cuando menos porque me ha dado luz sobre como responde la "comunidad científica" a las nuevas ideas. Intentaba probar mis propuestas ante estudiosos de la complejidad y estar atento a las objeciones y sugerencias pero éstas, por decir lo menos, han sido escasas. Lo que hice entonces, fue leer tantos ensayos y libros sobre información como me fuera posible para, cuando menos, probar mis ideas contra lo escrito.

Un libro que siempre es útil mantener presente es *La Estructura de las Revoluciones Científicas* por Thomas Kuhn, para entender precisamente como la "ciencia normal" está basada en un set de paradigmas. Cuando estos paradigmas establecidos dejan de resolver los "acertijos" es el momento para replantear los paradigmas. Esto abre la arena a la competencia entre paradigmas (lo que es muy sano) o en términos de la Teoría del Caos, el sistemas empiezan a *oscilar* en la búsqueda de un nuevo orden complejo.

En este proceso, ahora pienso focalizar exclusivamente en la información con la intención de definir un nuevo paradigma desde el cual poder teorizar, experimentar y aprender. Intentaré hacerlo desde una perspectiva fresca.

Aclaración

Voy a expresar lo obvio: No soy teórico y no tengo ningún "diploma" en complejidad de ninguna universidad. Sin embargo, mi laboratorio por los últimos 20 años han sido las organizaciones complejas donde he tenido la oportunidad de explorar, probar, verificar, innovar, rectificar y aprender de la experiencia. Todo esto, por supuesto, reforzado por el principio de que-como consultores- siempre teníamos que dar resultados para nuestros clientes, más que generar una teoría con propósitos académicos. Los clientes siempre demandan soluciones rápidas y efectivas.

Congenio enteramente con el paradigma científico; no me siento a gusto con teorías, opiniones o modelos no fundados y sin experimentación. Siempre trato de cuestionar los supuestos subyacentes. También estoy consciente que la ciencia tiene misterios no resueltos y que desafortunadamente, en muchos casos, los límites de la ciencia no se reconocen como es debido.

Encuentro que la "ciencia normal" (tomando prestado el término de Kuhn) todavía se encuentra muy influenciada por el paradigma mecanicista y atomista, y esto es un gran obstáculo para entender la complejidad y la vida.

Valoro la intuición y la utilizo para descubrir y aprender, pero me gusta que haga sentido con la experimentación y las pruebas. Soy sumamente pragmático y generalmente, no estoy conforme hasta que haya podido experimentar en carne propia, pero también reconozco que no todo puede ser conocido o experimentado.

Finalmente, los conceptos son solamente abstracciones y no importa cómo los clasifiquemos, siempre serán sólo pequeñas piezas de un rompecabezas mucho más grande.

Santiago Roel R

¿Qué he podido aprender de la información?

He intentado entender la información desde el enfoque científico convencional que enlaza a la *entropía* con la información en una historia que pasa por Sadi Carnot, James Clerk Maxwell, Leo Szilard y Ludwig Boltzman. También he intentado entender las ideas de Alan Turing, Norbert Wiener y Claude Shannon.

He buscado en el mundo bizarro de la mecánica cuántica de Max Planck, Niels Bohr, Louis de Broglie, Werner Heisenberg y Erwin Schrödineger, y con especial interés, en la interpretación de las implicaciones cosmológicas por autores como David Bohm.

También he leído autores no conformistas que no temen romper tabúes y proponer nuevas ideas con valentía e ingenio, como Rupert Sheldrake, Dean Radin y Erwin Laszlo. Al no pertenecer a ninguna comunidad científica, puedo hacer esto con libertad y sin mayor riesgo que ser ignorado, lo que finalmente no implica ningún riesgo cuando ya eres un forastero para la comunidad establecida.

No soy religioso de manera alguna. Tengo influencia de filosofías orientales y acepto algunos principios metafísicos tanto por experiencias propias como por conceptos de autores como David R. Hawkins.

A la religión se le ubica en el primer chacra-el querer pertenecer a una comunidad. En cambio, a la espiritualidad se le ubica en el séptimo chacra- aquello que nos conecta con el Universo - la comunidad más amplia. En muchos sentidos, la ciencia, a veces, se convierte en una especie de religión y demanda estricto apego y conformidad a sus reglas comunitarias, clases sociales, mitos existentes y rituales de membresía. En ese sentido, no soy religioso ni para la religión, ni para la ciencia.

Por último y quizá más relevante aun, he explorado la información desde mis propias intuiciones, meditaciones, diálogos y experiencia. Como los alumnos de Mitra, nunca he dejado de explorar, cuestionar y tratar de crear significado en mi vida.

Cuando tenía alrededor de 5 años de edad hice mi primer pregunta "profunda" a mi mamá: "Por qué estoy aquí?" Mi mamá, como buena sicoanalista, estacionó el auto, me miró fijamente y me dio la respuesta correcta: "Eso, sólo tú lo puedes descubrir por ti mismo". Así es que podremos leer muchos libros y discutir muchos tópicos pero al final, el conocimiento es personal y tiene que hacernos sentido a cada uno de nosotros.

En este ensayo trato de entender el rol de la información en la complejidad. Algunos propuestas parecerán lacónicas o incluso crípticas. Pido disculpas por ello pero si elaboro más, la propuesta pierde su significado deseado o quizá no sé más o no puedo explicarlo con mayor detalle.

Algunas propuestas están dirigidas específicamente a responder o resolver una tensión existente entre conceptos que en apariencia son incompatibles. Estos son mis descubrimientos:

Información: La Clave para entender la Complejidad

Un Universo interconectado- un "nuevo" paradigma

El Universo está enteramente interconectado; no es un agregado de partes sin relación. Se conecta tanto de manera horizontal (entre las partes) como vertical (entre las partes y el sistema). Está conectado en tiempo y espacio, en potencialidad (lo que puede ocurrir) y lo manifiesto (lo que está ocurriendo o ha ocurrido). Es además, un flujo, no es ni fijo, ni estático, siempre está en movimiento.

Los místicos espirituales me corregirían: pare ellos el Universo es UNO y TODO. No hay partes separadas que conectar, todas las partes SON lo MISMO. La aparente separación es *maya*, la ilusión de lo manifiesto. Los científicos, por otra parte, si no están embebidos en la interpretación cosmológica de la física cuántica, no estarían interesados en este concepto de interconexión. La ciencia tradicional focaliza en las partes, no en el todo. Finalmente, la religión se alimenta del dualismo y el antagonismo, así que la conexión-desafortunadamente- se toma más como una lucha entre opuestos que como una comunión al TODO.

Los científicos y filósofos sólo pueden especular el porqué el cosmos está *interconectado* y porque es tan perfectamente *coherente*. Lo que sí sabemos es que está interconectado de una manera bella y compleja que nos permite estar aquí, vivos y conscientes (o semiconscientes).

45

Esto no es nuevo pues ha sido propuesto por muchas filosofías y doctrinas espirituales. Solamente es nuevo para la ciencia, que ha tratado de explicar el Universo con las herramientas que tiene a la mano y por tanto, lo inexplicable, aquello que no puede ser modelado o expresado en términos matemáticos ha sido enviado a lo metafísico, o peor aun, ha sido desterrado totalmente de la atención científica.

Los sistemas biológicos y sociales están mucho más conectados y por tanto, son mucho más complejos que los sistemas físicos. Pero eso no debe detener nuestro afán de entenderlos. La física nos ofrece conceptos, reglas y modelos que son útiles pero que a la vez, son limitados para la comprensión de los sistemas en los que vivimos. Por tanto, no porque estemos impedidos científicamente para dilucidar la complejidad biológica o social desde el paradigma atomístico tenemos igualmente que adoptar el paradigma de un Universo separado y aislado entre sus partes.

La complejidad nos regresa justamente al Universo interconectado aun cuando no podamos modelarlo, simbolizarlo o predecir su comportamiento de manera precisa. Un Universo interconectado hace mucho más sentido porque embona en nuestra propia experiencia e intuiciones. Adicionalmente, es mucho más sano y útil el reconocer los limites de nuestro conocimiento que pretender que sabemos o que no existe la realidad porque no encaja con nuestra capacidad de entendimiento. Es más útil mantener la tensión de un nuevo paradigma o entre paradigmas o cosmologías que compiten entre sí, aun cuando esto no resuelva todos los enigmas, que acudir al confort de la ciencia limitada o de la religión mítica, o al revés, de la religión limitada y del mito científico.

Finalmente, siguiendo la propuesta sobre sistemas de Ludwig von Bertalanffy la complejidad nos ayuda a *de-especializar* el conocimiento. Podemos usar y explorar conceptos de manera transversal, aunque esto provoque un shock a los especialistas, quienes suelen aborrecer las opiniones no sancionadas por su pequeño club.

Así que si aceptamos el Universo como un lugar complejamente conectado ¿qué es lo que lo conecta?

Información: La Clave para entender la Complejidad

Mi conclusión: la información

La información es lo que conecta al Universo pues está en todas partes y conecta al cosmos en tiempo y en espacio.

Es una propiedad que se relaciona a la materia y a la energía pero que no puede ser explicada desde esa perspectiva.

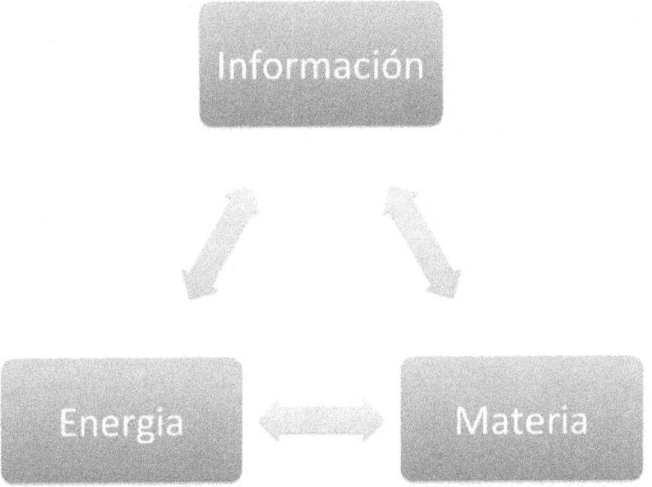

La información puede ser expresada como materia o energía, puede ser transmitida como partícula o como onda pero es independiente de ambas y por tanto, no necesariamente restringirla a las limitaciones de la energía o la materia. Quizá por ello existen las acciones a distancia "extrañas" ("spooky"), así llamadas por Einstein ya que no respetan los límites de la velocidad de la luz del Universo, ya que la información no requiere ser transmitida a través del tiempo o del espacio y tampoco requiere masa o energía o un medio para ser transmitida.

Causalidad Vertical

Otra manera de entender esto es si lo vemos una conexión vertical de la información, en lugar de la típica conexión o causalidad horizontal. Esto podría explicar el porqué se observan fenómenos *no-locales, no continuos* y *no-casuales* en el mundo cuántico.

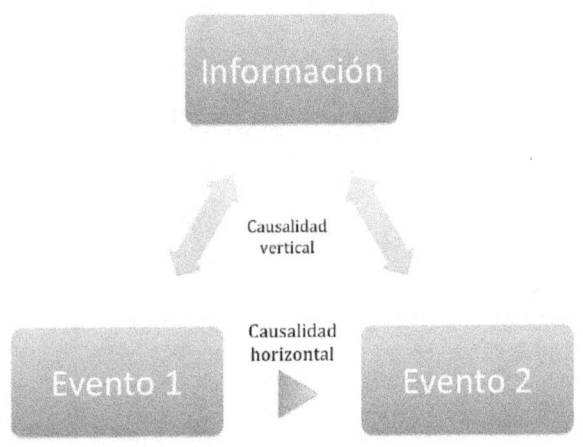

La causalidad horizontal es la que conocemos en la física clásica y en la dimensión de tiempo-espacio de nuestra dimensión. La causalidad vertical agrega la dimensión de la información y puede explicar la aparición de partículas de la nada, la sincronía compleja y la causalidad inexplicable.

La información como un campo

La información también puede ser entendida como un campo; algo que puede influir la energía y la materia y que sólo puede ser observado, percibido o medido por sus efectos, como un campo magnético o gravitacional. Algo como esto:

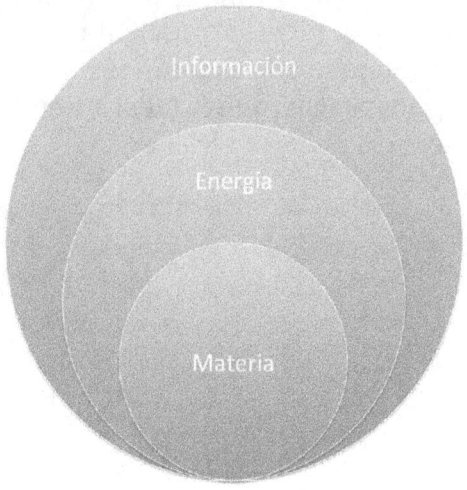

In-formación

La información es creada por la actividad. En cualquier parte, dondequiera que haya una partícula-subatómica o galáctica- hay movimiento y energía, y relaciones entre ambos. La información es creada por estas relaciones e inversamente- la información determina nueva actividad, nuevas relaciones y nuevos fenómenos. Esto es lo que se entiende del concepto de la *in-*

formación: La creación de forma, movimiento y masa por la información.

En resumen, la información entrelaza al Universo de manera coherente. La información relaciona, conecta, crea e in-forma al Universo. Es un elemento organizacional; es lo que permite el orden complejo.

Entonces si esto es tan claro ¿por qué se nos ha escapado? ¿Es que acaso estamos tan inmersos en la información que ya no la percibimos? ¿Somos como un pez que no está consciente del agua en la que vive hasta que es pescado? ¿Es esto tan obvio que tenemos ceguera de taller?¿Hemos sobre-focalizado en la materia y la energía?

Holarquía y Jerarquía

La holarquía (Arthur Koestler/Ken Wilbur) es un concepto mucho más útil para entender la información que el de la jerarquía ya que tendemos a equiparar a la jerarquía con un control de arriba-hacia-abajo. La holarquía en cambio, enfatiza los niveles de integración y de orden.

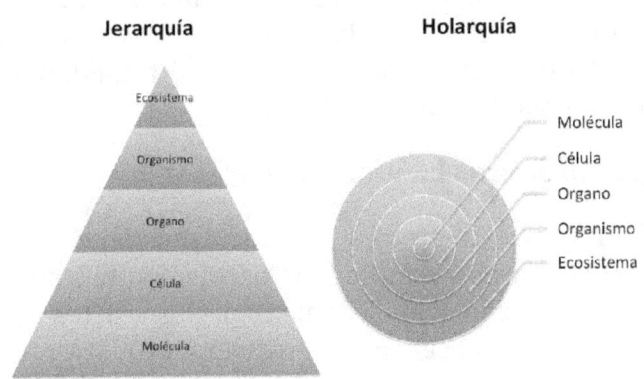

Los "holones" son enteros pero a la vez, pertenecen a un "todo mayor". Por ejemplo, un átomo es un *entero* en sí mismo pero a la vez puede formar parte de una molécula. Una molécula es un todo en sí mismo, pero puede formar parte de un todo mayor como lo es una célula, órgano, organismo y así sucesivamente. ¿Hay un límite a esto? Las holarquías se entienden mejor sin limitaciones, así es que se puede ir tan *alto* o tan *profundo* como se desee.

En este sentido, en nuestro modelo conceptual encontramos que existen reglas de acción, información e intención en cada nivel holárquico: Un organismo tiene sus propias reglas de acción, procesa información novedosa y tiene un propósito; pero a la vez, este organismo tiene órganos y también pertenece a un ecosistema, o a una familia, una comunidad, una nación, etc. Para cada uno de estos niveles holárquicos tenemos reglas de acción, información e intención... y todo está interconectado y fluye.

En nuestra experiencia, el uso más exitoso de nuestro modelo se realiza cuando logramos reducir o eliminar las jerarquías y podemos enfatizar el concepto de totalidad e interdependencia del sistema.

¿Cómo se crea la información?

La información se crea por la interacción entre las partes, la interacción de las partes con el sistema, la interacción del sistema con las partes y la interacción del sistema con el entorno.

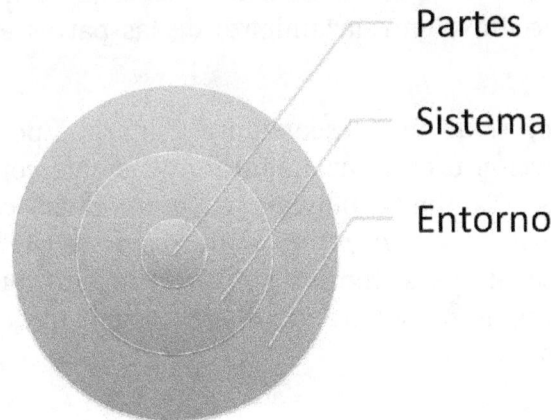

Partes

Sistema

Entorno

Así es que todo tiene que ver con las relaciones y las interconexiones, incluso entre ambos conceptos:

La acción crea información y la información crea acción

Pero no vemos impedimento a que la información también pueda crearse por la relación de la información consigo misma.

Emergencia de arriba-hacia-abajo (ascendente) y de abajo-hacia-arriba (descendente).

"Arriba" = el sistema, el todo, holárquicamente superior, un set.

"Abajo" = las partes, los elementos del sistema, holárquicamente inferior, un sub-set.

La información puede fluir con dirección de abajo-hacia-arriba y de arriba-hacia- abajo; de manera *descendente* o *ascendente*.

La información ascendente emerge por la interacción y entrelazamiento de las partes entre sí.

La información descendente emerge por la interacción o entrelazamiento del sistema con las partes. También puede ser entendida como información de *propósito* o de *focalización*. Esto implica que el sistema tiene un propósito que es más amplio o más grande que el propósito de sus partes.

Santiago Roel R

Controversia de emergencia descendente

El concepto de emergencia descendente es controversial, ya que es rechazada, evitada o negada por las mayoría de los científicos modernos porque puede derivar en un punto de vista "creacionista", en un "Dios" que **crea** y **controla** el Universo; o quizá, simple y llanamente se sienten más cómodos y seguros en el paradigma tradicional del materialismo, la emergencia ascendente y el dios de la aleatoriedad.

La teoría del *autómata celular* (reglas simples que pueden crear complejidad) intenta probar que el orden emerge de manera ascendente sin necesidad de un propósito. Los experimentos son impresionantes ya que dentro de los límites y las reglas preestablecidas, las partes parecen cobrar vida y generar algo mucho más complejo que ellas misma tan sólo por la actuación de unas con otras.

¿Pero puede el la emergencia ascendente por sí solo explicar el orden complejo en la biología o en la sociedad? ¿Puede explicar la vida? ¿Puede explicar el desarrollo de un embrión o el orden social?

Más específicamente ¿no está el propósito realmente implícitamente expresado en las reglas establecidas por el diseñador del experimento o el programa? ¿Cómo afecta el programador el resultado? Si programamos un software para simular el vuelo de una parvada –como ya se ha hecho- ¿no estamos influyendo la actividad con un propósito implícito como por ejemplo, la programación de que los pájaros se mantengan en grupo?

La intención y el propósito son tan claros cuando hablamos de sociología o de biología que es necesario romper con esta controversia anacrónica y seguir adelante.

Adicionalmente, y como veremos más delante, la intención o el propósito pudieron haber emergido de manera ascendente en iteraciones previas. No estoy proponiendo-porque no lo sé- que el propósito haya sido previamente creado de una manera platónica o divina; personalmente, me siento más a gusto con *propósitos emergentes*, pero el hecho es que tanto las reglas de acción como el propósito están presentes en el comportamiento de los sistemas complejos.

Estadísticamente es imposible explicar la evolución del Universo desde la emergencia ascendente. La ciencia se vuelve extremadamente misteriosa y tan metafísica como "Dios" cuando intenta explicar la complejidad o la evolución estrictamente desde la interacción aleatoria de la materia. Por nuestra experiencia, sabemos que la intención juega un papel fundamental en el orden emergente de sistemas sociales.

Cuando nuestro modelo no logra los resultados esperados, siempre –y lo subrayo-siempre tiene que ver con la intención. Si trabajamos sobre la intención, el resto (la información y las reglas) se alinean. Así es que ¿para qué enredarnos con controversias obsoletas? Porque no mejor aceptar el propósito como parte de la emergencia del orden descendente sin tener que distraernos con la religión.

Nota: Releyendo a sistemistas sociales tradicionales como W. Edwards Deming o Donatella H. Medows descubro que ellos reconocen el propósito del sistema.

Información: La Clave para entender la Complejidad

Toda la información se crea de manera instantánea o ¿existe información previamente definida en el sistema?

El sistema puede contener información previamente definida. De hecho, las reglas de acción son realmente información en estado coherente o "cristalizada". La información que se repite suficientemente se convierte en un *camino*, un *atractor* (Teoría del Caos), una *memoria*, un *arquetipo* (Jung), un *valle*, una *ley*, una *costumbre*, un *programa*, un *instinto*, un *campo mórfico* (Sheldrake), un *hábito*, un *código genético*, un *paradigma* (Kuhn), un *holograma*, una *cultura*, un *conocimiento* o un *principio*.

El Universo "aprende" por la re-iteración y hay evolución en todos los niveles: físicos, químicos, biológicos y sociales.

El paradigma existente en la ciencia y la religión son contrarios a esta idea: para ambas, hay leyes universales e inmutables que han estado con nosotros desde el "comienzo" del tiempo o quizá sólo desde el Big Bang, o el previo y más grande Big Bang. La evolución en la ciencia se reconoce en la materia pero no así en las leyes de la física, la química o la biología que afectan la materia. El Universo, de acuerdo a esto, evoluciona conforme a unas reglas predeterminadas. Para la religión estas reglas han sido creadas por la divinidad, para la ciencia, estas reglas simplemente están predeterminadas y quién o qué las creó es una pregunta metafísica que no interesa a los científicos.

Y sin embargo, las iteraciones largas del Universo son un misterio sin solución. ¿Qué había antes de nuestro Universo? ¿Cómo es que el Universo está tan bien afinado que una pequeña variación hubiese impedido su formación? ¿La velocidad de la luz o la gravedad, por ejemplo, siempre han sido las mismas?

En la biología o la sociología las reglas emergen y evolucionan constantemente. La escala de tiempo de estas iteraciones biológicas o sociales nos permite entender que las leyes no son universales ni eternas. ¿Por qué tendría que ser cierto esto sólo para una parte del Universo? Determinarlo así, es pecar de soberbia "científica".

Santiago Roel R

Transmisión de la información

La información puede ser creada, acumulada, procesada, almacenada y transmitida en todos sus estados: como *masa*, como *energía* o solamente de manera *informacional*.

En el nivel la masa-energía la información es transmitida por partículas, ondas o campos, y requiere de algún tipo de energía para su transmisión. En su estado informático puro no interviene la masa y por tanto, no requiere energía para ser transmitida, procesada o acumulada. De nuevo, cuando nos liberamos del paradigma de lo material no necesitamos de energía para explicar la información y me sorprende que esto no haya sido planteado ni por la ciencia ni por la religión.

El campo I

La información está en todas partes. También existe en el *vacío* o en el *pleno*, en el *campo de punto cero* o el campo *Akásico* o informático como lo propone Ervin Laszlo. En este estado, la información es una potencialidad, independiente de la materia, la energía, el espacio y el tiempo, pero relacionada o entrelazada al Universo manifiesto.

Al alejarnos de la materia, hay energía, al alejarnos de la energía sólo hay información; el tema no son las "cuerdas" que aun tienen un toque muy material, sino la información pura. ¿Nos hemos atascado en la ciencia porque intentamos restringir y conformar a la información dentro de la materia y la energía cuando debería ser justo al revés? ¿Estamos tratando de eliminar dimensiones en un intento por reducir y entender? Creo que sí.

Hemos explorado lo físico y a penas empezado a descifrar el extraño mundo cuántico, aun más lejos y más profundamente se ubica la dimensión informática.

Otros campos de información

Hay campos manifiestos de información en donde ésta se ha reiterado lo suficiente como para ser *redundante, entrelazada y coherente*. Estos campos crean la probabilidad de un resultado en el sistema. La emergencia ascendente y descendente crean los campos informáticos. Estos son lo que Rupert Sheldrake llama *campos mórficos* y lo que Carl G. Jung define como *arquetipos*; campos informáticos que influyen en nuestro desarrollo biológico, psicológico y social.

En nuestro modelo de prevención de la delincuencia ¿acaso estamos creando un campo informático con nuestro énfasis en la intención y la información? Esto es sumamente difícil de probar, pero sí aparenta haber un cambio de conciencia en el sistema una vez que llega a su punto de inflexión, es decir, cuando ha iterado lo suficiente como para crear un atractor.

Santiago Roel R

Sincronía y Diacronía

Sincronía es la manifestación simultánea de la información entrelazada. La sincronía simple es la que ocurre en sistemas físicos (relojes contiguos que marchan en sincronía) o en sistemas sociales (un grupo de gente que camina o aplaude inconscientemente en sincronía). Pero también existe una sincronía más compleja que no es tan fácil de observar y comprender. Un ejemplo de esta sincronía misteriosa es la de los arquetipos, en donde lo abstracto y lo concreto se unen para expresar el sentido oculto, el orden implícito. La naturaleza está llena de estos ejemplos ¿qué puede se más misterioso que un organismo vivo o un ecosistema donde todo se sincroniza de manera armónica?

La sincronía compleja es difícil de comprender ya que la causalidad no ocurre de manera lineal y horizontal. Tampoco sucede en el mismo nivel holárquico. Es *no-local*, pero se relaciona a un orden superior implícito que afecta a todo el sistema. Es como si las reglas de acción, el propósito y la información aparecieran repentinamente desde una dimensión desconocida para incidir en el sistema. Muchos de los misterios actuales de la ciencia están relacionados a esto y permanecerán así de misteriosos mientras la ciencia se mantenga en el paradigma de la causalidad horizontal.

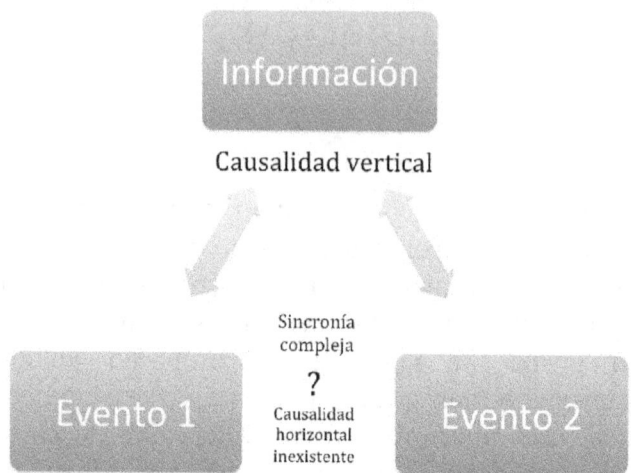

Diacronía por potra parte, es la evolución de los entrelazamientos a través del tiempo, a través de las iteraciones del sistema. Es la formación o información de la sincronía.

En nuestra experiencia, hemos observado una *sincronía extraña* cuando el sistema ha iterado lo suficiente como para influir a su entorno y sus partes; como si hubiésemos creado un campo informático que afecta a todo el sistema. Cuando estamos focalizados en resolver un problema, un evento emerge repentinamente y nos da la clave. La parte interesante viene cuando la clave aparece de manera simbólica. No todos pueden leer o entender el lenguaje simbólico pero si se está lo suficientemente sintonizado, estos eventos suceden con mucha mayor frecuencia de lo que suponemos; el mantenerse focalizado y creativo es la mejor manera de sintonizarse.

Conocimiento

El conocimiento es la repetición de entrelazamientos que logran coherencia. El cosmos aprende por iteraciones que crean caminos, reglas, leyes y coherencia.

El conocimiento evoluciona, el sistema experimenta constantemente y aprende; así es como el Universo se desarrolla, crece, y crea leyes y principios.

Aprendemos por la experiencia, pero también somos capaces de obtener conocimiento no experimentado si nos reconectamos, sintonizamos o resonamos con un campo informático. Esto es lo que muchos místicos proponen y lo que las *constelaciones familiares*, una rama de la psicología sistémica, desarrollada por Bert Hellinger, logran de manera muy visible y a la vez misteriosa. Si usted ha participado en alguna constelación familiar sabe exactamente a qué me refiero, si no, es difícil explicarlo desde la teoría, pero los campos mórficos de Sheldrake es lo que encuentro más razonable para explicar el fenómenos de las constelaciones familiares. En resumen, las constelaciones demuestran que hay un campo de información de la familia al que se puede acceder de manera instantánea por participantes totalmente ajenos a ella y sin ningún conocimiento sobre la misma, algo muy mágico desde los paradigmas tradicionales pero muy racional desde los paradigmas propuestos.

Y así, podemos sintonizar o entrelazarnos a campos físicos, energéticos o informáticos, y experimentar y aprender de esta conexión. Así es como nuestro cuerpo aprendió a respirar aire o como aprendió a nadar o como aprendimos a lidiar con la gravedad, la familia y las reglas sociales. Constantemente aprendemos de todas estas experiencias.

Santiago Roel R

Aprendizaje focalizado y aprendizaje aleatorio

En el proceso de aprendizaje hay *actividad focalizada* y *actividad aleatoria*, las dos son fundamentales para el aprendizaje. El sistema aprende por la dirección intencional pero también por la actividad de exploración aleatoria o la recepción accidental de la información.

En el experimento de Mitra con el aprendizaje auto-organizado, los niños siguen un propósito que Mitra les fija ya sea de manera explícita o implícita, como el hecho de instalar una computadora en un barrio pobre y dejar que la conducta aleatoria de los niños se manifieste al dejarlo en plena libertad de explorar y aprender.

Se ha observado en el uso de ambos procesos en comunidades biológicas. En una manada, por ejemplo, hay propósito de grupo que se manifiesta como actividad focalizada pero también surge la actividad dispersa y aleatoria que contribuye al conocimiento y al propósito de la manada.

En nuestro modelo de prevención de la violencia y la delincuencia siempre empezamos por definir un propósito, pero de ahí en delante dejamos que el sistema itere y que las partes aprendan por su actividad aleatoria.

Esto ejemplifica que requerimos dar suficiente libertad al sistema para que aprenda. Podemos fijar la intención, visión o propósito, podemos definir las reglas del juego, pero una vez que eso sucede, el sistema debe ser dejado en libertad para que haga sus propias exploraciones y pruebas para que la información fluya e interactúe. Este proceso no se puede controlar y no se debe intentar controlar.

Si se da suficiente libertad en el sistema, emergen nuevas intenciones y objetivos en el proceso.

Así es como creo que la naturaleza aprende.

Atención

La atención es una acción intencionada de conciencia u observación focalizada en recibir información o en descifrar el sentido. La atención influye el desempeño del sistema.

Dean Radin, del *Institute of Noetic Sciences* en California, ha documentado cómo la atención humana focaliza en eventos mundiales de importancia de manera inconsciente y misteriosa. Lo más extraño es que estos fenómenos se dan *antes* del suceso. Esto puede interpretarse de diferentes maneras: Puede haber una atención no intencionada o puede haber conexiones subyacentes de intención.

Desde la física cuántica hemos aprendido que la atención del observador afecta el resultado del experimento, pero puedo comentar desde mi propia experiencia en una escala más mundana. En nuestro modelo, la focalización es de extrema importancia, a veces, ni siquiera hace mucho sentido desde una perspectiva ortodoxa y sin embargo, una vez que nos hemos entrelazado a ese foco de atención logramos influir en el resultado. Por tanto, lo que cuestionamos, en lo que nos fijamos, en donde focalizamos es de suprema relevancia. Un cambio de paradigma en la ciencia por ejemplo, siempre está relacionado con una nueva perspectiva de atención, con una nueva visión del cosmos, con una nueva ventana a través de la cual observamos el mundo desde nuestra limitada perspectiva de tiempo y espacio.

Redundancia

La redundancia clásica generalmente es definida como la repetición de la información dentro de un mensaje. Entre más redundancia, menor información contenida en el mensaje, y al contrario, entre menos redundancia, mayor información.

La codificación de los mensajes o la compresión de archivos digitales se logra eliminando la información extra o redundante.

ST S N JMPL D LMNCN D RDNDC

(este es un ejemplo de eliminación de redundancia)

A pesar de haber eliminado las vocales, la mente aun puede descifrar el significado.

El código genético aparenta tener un sinnúmero de series redundantes y los genetistas aun no saben a ciencia cierta, cuál es su propósito o función. La naturaleza utiliza la redundancia como seguridad; si no sucede por una vía, sucede por otra. La redundancia tiene un propósito: asegurar un resultado.

Redundancia por Iteración

Me gustaría agregar otro tipo de redundancia: la redundancia por la iteración del mensaje en el tiempo. La redundancia por iteración es lo que crea las reglas de acción. Redundancia en este sentido, es información recurrente que refuerza o asegura el mensaje y/o la probabilidad de un resultado.

Los sistemas estables producen información redundante, los sistemas aleatorios, por otra parte, producen poca o ninguna redundancia. La turbulencia está llena de información novedosa (y poca redundancia). Los sistemas biológicos se ubican entre el orden extremo y el caos extremo, viven al borde de la *criticalidad* en donde la información no es completamente aleatoria, ni completamente redundante y donde la predicción del comportamiento del sistema sólo se da dentro de ciertas fronteras estadísticas o ciertos *atractores*. Otra manera de ver esto es como una mezcla de información aleatoria y redundante que interactúa para producir orden complejo, o como nosotros lo hemos planteado: como el juego entre las reglas de acción y la información.

La redundancia tiene un propósito; puede ser un mecanismo a prueba de fallas, puede ser un proceso para crear reglas a través de la iteración o puede ser una manera de asegurar resultados.

En nuestro modelo usamos la redundancia al iterar y *hablar* con el sistema; queremos asegurarnos que la información relevante le llega a todos y para ello tenemos que ser muy redundantes. Debemos mover al sistema para que itere reiteradamente y produzca los resultados deseados.

Símbolos y arquetipos

Un símbolo representa mucha más información que la que está expresada. La información puede ser comprimida, contenida o expresada por los símbolos. Las matemáticas y los idiomas son un buen ejemplo de simbolismo, pero los símbolos están en todas partes.

Los símbolos pueden unir información aparentemente no relacionada como en los arquetipos y así convertirse en una puerta de acceso al conocimiento o a nuevos significados. Un arquetipo desenvuelve, conecta y relaciona. El arquetipo puede expresar tanto lo abstracto como lo concreto, lo manifiesto y la potencialidad. Un arquetipo es un atractor pero mucho más complejo que un atractor tal como lo define la dinámica no-lineal ya que es simbólico; los arquetipos desdoblan y expresan toda la potencialidad del símbolo.

¿Los símbolos y arquetipos sólo están relacionado a la interpretación humana o se encuentran por dondequiera en la naturaleza y el cosmos?

Información: La Clave para entender la Complejidad

Santiago Roel R

Significado y relevancia

Desde la perspectiva del receptor, el significado
es el reconocimiento o la relación de la
información novedosa-un mensaje-con un set de
entrelazamientos previos (conocimiento o
experiencia). Por tanto, el significado siempre esta
relacionado al contexto y la experiencia
(iteraciones previas). La mente tiene capacidad
para reconocer patrones y para relacionar una
experiencia previa con un evento novedoso.

Pero el significado también puede estar
relacionado al propósito. Consecuentemente, la
información novedosa puede ser interpretada
como relevante cuando interactúa con el propósito
y/o la experiencia.

Entre más clara sea la intención y más libertad
tenga el sistema para iterar habrá más creación de
significado por la interacción de las partes. Por eso
es indispensable la libertad en la educación, en el
trabajo y en los sistemas sociales.

Información: La Clave para entender la Complejidad

Evolución

La evolución no puede ser explicada estadísticamente solamente desde la emergencia ascendente o aleatoria. La evolución incluye emergencia *ascendente* y *descendente*. El sistema in-forma a las partes y las partes in-forman al sistema. Con mayor relevancia, el sistema es informado por el medio ambiente (un conjunto de sistemas). Es un juego de comunicación entre niveles holárquicos.

La evolución, como la propone Sheldrake, está en todas partes y no está restringida a su sentido biológico convencional. La evolución es el camino que desdobla al Universo en lo físico, lo químico, lo biológico y lo cultural. No existen las leyes o verdades universales, la única ley universal parece ser es la evolución misma.

Información: La Clave para entender la Complejidad

Omega y Telos

El propósito es un concepto altamente evadido en la ciencia, y sin embargo, el propósito está en dondequiera que veamos en la naturaleza. Para entender el propósito tenemos que observar la función y el desempeño del sistema. Hay función y desempeño en las partes y en el sistema. El desempeño del sistema es más amplio que el de sus partes ya que las incluye y las trasciende.

Más "arriba" que el propósito del sistema se encuentra el propósito del entorno. La Tierra –si observamos su desempeño- tiene un propósito: la vida.

Aparentemente, el Universo evoluciona hacia la complejidad. Parece haber un una dirección en la evolución del cosmos pero sin control, solamente como una atracción hacia un propósito de un sistema "superior".

Parece que el propósito superior está relacionado con la diversidad, la integridad, la interconexión, la interdependencia y la coherencia; o quizá los místicos tienen razón y el Todo es Uno, pero cada vez, en cada iteración, se crea un Uno más complejo.

Información: La Clave para entender la Complejidad

Intención

La intención es un atractor que puede influir el desempeño del sistema. La intención es un atractor informático y por tanto, afecta la energía y la materia. *

En nuestra experiencia, cuando surge un líder o un grupo que puede influenciar al sistema desde una perspectiva superior al focalizar en un propósito común hay más probabilidades de crear un sistema de aprendizaje continuo y un orden complejo. Inversamente, cuando el sistema carece de este tipo de liderazgos o si el líder formal no tiene la intención adecuada o su ego interviene fuertemente y desvía el propósito común es sumamente difícil alcanzar el objetivo.

La prevención de la delincuencia es un gran campo experimental para probar cómo funciona la intención ya que el sistema itera rápidamente y los resultados son visibles en el corto plazo.

Previamente había propuesto a la intención como un campo energético pero ahora encuentro esta nueva propuesta más coherente con el paradigma propuesto de información, energía y materia.

Información: La Clave para entender la Complejidad

La Conciencia

La conciencia es un tema altamente evadido y misterioso. Puede entenderse como la información que se observa desde un punto superior.

David R. Hawkins en su libro El Poder contra la Fuerza (*Power vs Force*) hace un gran esfuerzo por estructurar la conciencia desde una perspectiva fresca. Propone un *Mapa de la Conciencia*. El mapa es una escala logarítmica desde el cero hasta el 1,000, en donde el cero es la visión más miope o restringida y el mil, que es la resonancia con la conciencia Universal o la conciencia del Uno.

De acuerdo a este mapa, por debajo del 200, resonamos con el ego; por encima del 200, resonamos con el ser. Este nivel es la frontera entre la verdad y la mentira, el control o el orden, la muerte y la vida. Hawkins relaciona cada nivel con las emociones y la perspectiva de la vida y lo divino.

Cada nivel contiene sus propias "verdades". Por ejemplo, en el nivel 20 de la vergüenza, nuestra emoción es la humillación, nuestra perspectiva de vida es miserable, Dios es desdeñoso y el proceso es el de la eliminación ("la vergüenza es lo que te mata"). En el nivel 100 o del temor, nuestra emoción es la ansiedad, nuestra vida es atemorizante, nuestro Dios es punitivo y nos retraemos del mundo.

En el nivel 200 o de la valentía o la entereza, las cosas cambian radicalmente, nuestra emoción es la afirmación, nuestra vida se vuelve factible y el Dios se vuelve permisivo.

La aceptación, en 350, es un excelente nivel de conciencia ya que el Dios se vuelve misericordioso, la vida se vuelve armoniosa, aprendemos a perdonar (nos) y el proceso es el de la trascendencia.

La ciencia se ubica entre el nivel 400 y el 499. Es el nivel de la razón. Dios es sabio, la vida está llena de significado y comprendemos a través de la abstracción. La ciencia no sólo busca la verdad sino que invita a todos a participar en el proceso con argumentos y pruebas contrarias.

¿Qué puede estar por encima de la ciencia? El Amor en 500, el Amor Incondicional (el amor por los "enemigos") en 540, la Paz en 600 y la Iluminación entre el 700 y el 1000. En éste nivel, Dios se convierte en el Ser, la vida simplemente es y se adquiere la conciencia pura.

Me gusta relacionar este mapa de la conciencia al tema de la intención. Cuando adquirimos un nivel de conciencia superior como personas o en nuestras creaciones o proyectos, nos alineamos a un propósito y resonamos con un nivel de conciencia. Si la conciencia es alta, de acuerdo al mapa, nuestra información se vuelve poderosa y tiene un mayor impacto en el entorno.

El mapa es sumamente práctico y está diseñado para utilizarse en el día con día para interactuar con los demás, para extraer información del

Universo, para crear significado en nuestra vida o para diseñar mejores organizaciones o programas.

Por ejemplo, el programa de prevención social de la violencia y la delincuencia que hemos implementado en Sonora y algunos municipios de Nuevo León, resuena a un nivel de 650, la paz, y por ende, tiene mucho más poder que un típico programa de seguridad cuyo nivel de conciencia típicamente se ubica en 150, es decir en la ira.

Hawkins también propone la kinesiología como un método de calibración o medición y esto en sí mismo es un misterio si intentamos entenderlo desde la perspectiva material, pero se vuelve sumamente lógico desde la perspectiva de la información: Nuestro cuerpo está conectado al Todo (porque forma parte de Él).

Información: La Clave para entender la Complejidad

La Verdad

La verdad es un atractor poderoso en el Universo. El Universo responde positivamente a la veracidad de la intención y a la información.

El cuerpo humano responde positivamente a los entornos y las afirmaciones. También lo hacen los sistemas sociales: relaciones, familias, compañías, comunidades, gobiernos y naciones.

En un sistema social, cuando las fallas son constantes, generalmente se debe a una intención o a una información falsa o a ambas.

Esto contradice la teoría de las "mentiras útiles" de los sistemas sociales en donde los individuos intentan pertenecer o sobrevivir a través de el cortejo y la simulación. Mientras el ego necesita mentiras, el ser siempre es cándido y veraz.

Si el sistema social se ubica en un nivel bajo de conciencia, en efecto, requiere de muchas mentiras para operar, por el contrario, si el nivel de conciencia es alto, hay aceptación, razón, amor, paz e iluminación.

Santiago Roel R

¿El Universo es consciente?

¿Por qué no lo sería? ¿Por qué tenemos que situar a la conciencia y la inteligencia exclusivamente desde una perspectiva humana? ¿Por qué situarlo en el cerebro o en el sistema nervioso? ¿Quién dice esto y cómo lo ha demostrado? ¿Por qué situar la conciencia en la materia y transportarla a través de la energía? ¿Por qué incluso atarla exclusivamente a los organismos "vivos" como los conocemos?

¿Acaso la física cuántica no ha probado el efecto del observador? ¿O que la materia se vuelve coherente desde un ángulo informático?

La inteligencia, el conocimiento y la conciencia están relacionados a la información y ésta no necesariamente depende de la materia y la energía. Así es que nuestra perspectiva se expande y se vuelve drásticamente diferente si vemos a la información detrás del Universo manifiesto: Un átomo es un átomo porque hay información coherente que in-forma ese átomo; un pájaro es un pájaro, porque hay un campo de información que in-forma ese pájaro; el Sol es el Sol porque existe un Sol informático. El Universo es informático como también lo es energético y material.

La información que se encuentra implícita o "dentro" de todo ¿por qué no pensar que también es inteligente o consciente? No es una situación de mente-sobre-materia, sino de información-sobre información.

Así que quizá no es un Big Bang lo que creó al Universo al que pertenecemos sino un gran pensamiento de un Universo consciente.

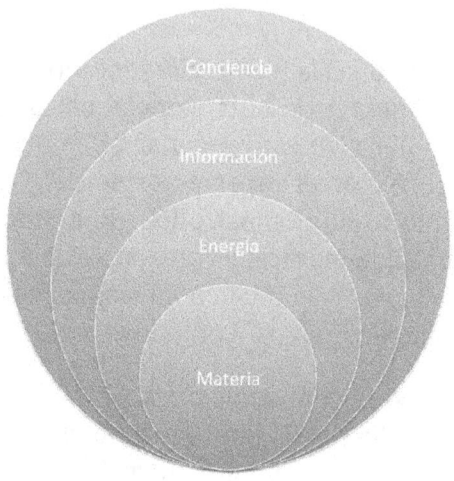

En este diagrama, la dimensión superior es la conciencia, luego la información, la energía y finalmente la materia. En la física clásica, la causalidad se estudia en el plano o dimensión horizontal de la materia. En la física cuántica los fenómenos se vuelven *no-locales, no-continuos y no-causales*; aparecen desde la dimensión superior del *plenum*: el mar de la "energía". Creo que lo que estoy proponiendo es la existencia de dos dimensiones superiores, dos mares subyacentes: el de la *información* y el de la *conciencia*.

En este sentido, podríamos observar y entender al Universo desde la causalidad vertical y cómo se desdobla desde la conciencia, la información, la energía y finalmente, la materia.

Santiago Roel R

¿Cómo integrar todo esto?

Un repaso

Nuestra propuesta: El orden complejo se crea con reglas de acción, información e intención. Hemos focalizado demasiado en la materia y la energía, y hemos obviado a la información. La información se encuentra dentro de la materia y la energía.

El futuro, el pasado y el presente crean el orden complejo. El orden se crea de abajo hacia arriba por procesos aleatorios pero también de arriba hacia abajo por procesos focalizados. Es un proceso ascendente y descendente, y focalizado y aleatorio. Las reglas de acción se generan mediante la iteración. El propósito es una proyección hacia iteraciones futuras. La información novedosa se crea en el presente. Los tres elementos (reglas de acción, intención e información) son en verdad lo mismo: información.

La información está en todas partes y es la base de nuestro Universo. El Universo se entrelazada mediante la información. El Universo aprende por iteraciones. Las leyes no son eternas ni universales, cambian con el paso del tiempo y de las iteraciones del sistema. La información también es conocimiento y conciencia y no tiene porque estar limitada por la materia y la energía. Hay niveles de conciencia, los niveles más altos son más incluyentes. El Universo manifiesto parece evolucionar hacia la complejidad, la interconexión y la conciencia. El Universo no es controlado sino atraído hacia el orden complejo.

¿Qué podemos observar desde esta perspectiva?

Ciencia

La ciencia podría beneficiarse si amplía su visión más allá de los paradigmas de la energía-materia y de atomismo. En lugar de ello, podríamos empezar a comprender al Universo conectado a través de la conciencia y la información.

Es momento de ampliar nuestra concepción de la información más allá de la perspectiva de transmisión de Claude Shannon o los mecanismos de control de Norbert Wiener, para entenderlo desde su capacidad de crear un orden complejo en el Universo.

En el tema de la complejidad, algunos autores reconocen a la información como un elemento de estudio. Sin embargo en este ensayo hemos ido mucho más allá al proponer que la información es la clave para entender la complejidad y probablemente el Universo. La mayoría de estos autores-desde nuestra visión-se encuentran atrapados en el paradigma de la emergencia ascendente y no reconocen lo que es extraordinariamente común a todos los sistemas: el propósito. Los sistemas tienen propósitos y son parte o se entrelazan con un sistema más grande o más incluyente. Todo esto puede entenderse como emergencia descendente. Confirmo mi propuesta inicial: la complejidad se pueden entender básicamente por la interacción de las reglas de acción, la información y la intención; estos tres elementos en realidad son información.

Gracias a la física cuántica empezamos a entender que hay algo más profundo y significativo que la materia y la energía, y sin embargo, la ciencia *normal* está atascada en la bifurcación y temerosa de dar el paso hacia delante. Los científicos y filósofos inconformes e innovadores generalmente son ignorados o ridiculizados por los temores de la comunidad científica.

La ciencia "religiosa" se basa en las creencias, no en la razón; su intención va más en el sentido de entrelazar (*re-ligare*) a la gente que a las ideas. No tenemos porque sujetarnos a los mitos religiosos o a los fundamentalismos científicos, simplemente podemos estar abiertos a las nuevas propuestas.

Podríamos también empezar a entender la causalidad vertical en lugar de focalizar excesivamente en la causalidad horizontal.

En este salto prometeico estoy seguro que podremos empezar a resolver algunos de los misterios científicos actuales.

Aprendizaje

Todos hemos sufrido por la educación tradicional. A todos nos ha aburrido, reducido, limitado y asfixiado la educación. La educación se ha convertido en una burocracia llena de creencias, jerarquías y paradigmas mecanicistas obsoletos.

Podemos crear muchos mejores ambientes de aprendizaje con intención, información y la iteración libre del sistema. Necesitamos individuos creativos, no seguidores eruditos. El aprendizaje es natural al ser humano, no tiene que enseñarse, solamente permitirse y fortalecerse.

Gobierno y Negocios

Muchas organizaciones se han vuelto caóticas e inefectivas. Hay mucho que ganar si aprendemos a organizarnos sin la necesidad de controles jerárquicos y planes deterministas. Las organizaciones deben fortalecer la capacidad de autoaprendizaje en todos los niveles.

Es mucho más fácil trabajar en ambientes naturales en armonía con la manera en que la naturaleza se auto-ordena.

La intención, la información y las iteraciones libres son la clave para empezar a crear mejores organizaciones. El aprendizaje focalizado y aleatorio deben de ser tomados en cuenta para crear organizaciones inteligentes.

La sociedad: demasiado Yang

Hemos vivido desequilibrados hacia el principio masculino o Yang: control jerárquico, leyes inamovibles, estrategia, exclusión, reduccionismo, separación, uni-dimensionalidad, mecanicismo, correr-o-pelear, dominación, reacción. Debemos balancear nuestra sociedad con principios femeninos o Ying: estructuras de auto-organización, flexibilidad, emergencia, inclusión, procesos orgánicos, holismo, comunicación , multi-dimensionalidad, prevención e integración.

La complejidad no es y no debe ser pensada en términos de auto-regulación (principio masculino) sino de auto-organización. No es un juego de estrategia sino de intención y emergencia de orden complejo. No es tampoco de detalle analítico y división en partes, sino de entendimiento completo de lo sistemas.

En lugar de focalizar en tantas reglas y procesos, debemos enfatizar la intención y la información como elementos clave del orden. No estoy proponiendo un nuevo desbalance del Yang hacia el Yin, sólo digo que hemos vivido en un desequilibrio y descontento muy visible. ¿Quién hubiera podido predecir los últimos movimientos sociales y políticos en el mundo? Y aunque a veces, éstos parecen desarticulados y desorganizados hay un *leitmotiv*: el descontento de las masas frente el control jerárquico, las regulaciones excesivas y caóticas, la desigualdad y la dominación, y los gobiernos y corporaciones insensibles. Hablando de arquetipos, vamos a ver mucho más de esto en los próximos años con dos arquetipos en juego: Por una parte, las necesidades básicas, plutónicas, los instintos de supervivencia, los chacras animales y por la otra, el fuego revolucionario y prometeico, el chacra del tercer ojo, la mente superior intentando liberar y empoderar a la humanidad; lo animal y lo divino en tensión creativa, intentando resolver el conflicto en el corazón.

Información: La Clave para entender la Complejidad

Epílogo

Al terminar este ensayo, veo varios pájaros sesteando en el cielo azul mientras las olas quiebran incesantemente en la playa.

Claramente puedo observar un propósito, reglas básicas e información novedosa en cada ave mientras vuelan graciosamente frente el sol poniente. También veo estos principios en la vegetación exuberante que me rodea.

Pero ¿ Y el mar? ¿Tiene algún propósito o sólo reglas de acción e información jugando un juego aleatorio? ¿Tiene acaso algún propósito superior, el propósito de la vida en la Tierra? ¿Y que hay respecto al Sol y todo lo demás que percibo con mis sentidos?

¿Cómo entrelaza la información a todo esto? ¿Existe conciencia en el cosmos?

Y luego dejo de esforzarme y me dejo sumergir en un estado meditativo. Dejo de pensar y empiezo a entender; todo mi cuerpo se hace presente. En ese momento, ya no soy una entidad separada y me mezclo armónicamente con mi entorno de manera sutil y placentera. Puedo sentir un cosquilleo y mi cuerpo se expande y se libera de la materia.

Al penetrar más en este estado, la dualidad cesa. Ya no hay más mundo interior en contraposición a un mundo exterior. Ya no estoy solo y separado: Soy la ola y la luz y el vuelo, lo específico y lo abstracto.

Toda controversia se diluye y se esfuma en la totalidad. El tiempo ya no tiene significado: ya no existe pasado, presente y futuro. Ya no hay preguntas que responder. Ya no hay palabras o pensamientos o conexiones y dimensiones. Ya no hay potencial y manifestación.

Todo simplemente es, y esto se sienta mucho más real, y yo me siento en *casa*.

Si deseas contactar al autor ve a prominix@gmail.com

Notas

Este ensayo fue creado con:

1. Intención: entender el rol de la información en la complejidad.

2. Reglas de Acción

-Veracidad y honestidad

-Basado en la experiencia propia

-Documentado

-Calibración en el mapa de la conciencia arriba de 700 (*Calibración actual: 930*)

3. Información novedosa

-Sin un índice predeterminado

-Escribir cada mañana

-Abierto a eventos sincrónicos

4. Iteración

Santiago Roel R

143 iteraciones desde el primer borrador hasta la versión final.

Información: La Clave para entender la Complejidad

Bibliografía

1. Axelrod, Robert & Cohen, Michael D. *Harnessing Complexity*, Basic Books, 2000.

2. Abraham, Ralph. *Chaos, Gaia, Eros*, Harper San Francisco, 1994.

3. Bar-Yam, Yaneer, *Making Things Work*, Knowledge Press, 2004.

4. Bohm, David. *Wholeness and the Implicate Order*, Routledge Classics, 2002.

5. Briggs, John & Peat, David. *Seven Life Lessons of Chaos*, Harper Collins e-books,1999.

6. Burger, Edward B. & Starbird, Michael. *Coincidences, Chaos and all that Math Jazz*, Norton, 2006.

7. Chaitin, Gregory. *Meta Math, The Quest for Omega*, New York: Vintage Books, 2005.

8. Fields, R. Douglas. *The Other Brain*. Simon & Schuster, 2009.

9. Ford, Kenneth W. *The Quantum World: Quantum Physics for Everyone*, Harvard University Press, 2004.

10. Gladwell, Malcolm. *The Tipping Point*, New York: Bay Back Books / Little, Brown and Company, 2000.

11. Gleick, James. *Chaos: Making a New Science*. New York: Penguin Books, 2008.

12. Gleick, James. *The Information: A history, a theory, a flood*. New York: Pantheon Books, 2011.

13. Gribbin, John. *Deep Simplicity: Bringing Order to Chaos and Complexity*, New York: Random House, 2004.

14. Haisch, Bernard. *The God Theory*, Weiser Books, 2006.

15. Hawkins, David R. *Discovering the Presence of God*, Veritas Publishing, 2006.

16. Hawkins, David R. *Healing and Recovery*, Veritas Publishing, 2009.

17. Hawkins, David R. *Power vs. Force*, Hay House Inc, 2002.

18. Hawkins, David R. *Reality, Spirituality and Modern Man*, Axial Publishing Company, 2008.

19. Hawkins, David R. *Truth vs. Falsehood*, Axial Publishing Company, 2005.

20. Hellinger, Bert. *La Paz Inicia en el Alma*. Mexico: Herder, 2006.

21. Hoover, Thomas. *The Zen Experience*, The New American Library, 1980.

22. Jung, Carl G. *Modern Man in Search of a Soul*. Harcourt Brace Jovanovich, Publishers, 1993.

23. Jung, Carl G. *The Archetypes and the Collective Unconscious*, Princeton University Press, 1990.

24. Kauffman, Stuart. *Reinventing the Sacred*. Basic Books, 2008.

25. Kiel, D. & Elliot, E. *Chaos Theory in the Social Science*, The University of Michigan Press, 2007.

26. Santa Fe Institute. Editors: Langton, Christopher G; Taylor, Charles; Farmer, J. Doyne; Rasmussen, Steen. *Artificial Life II*, Addison-Wesley Publishing Company, 1992

27. Khun, Thomas S. *The Structure of Scientific Revolutions*, University of Chicago Press, 1970.

28. Lazlo, Ervin. *Quantum Shift in the Global Brain*, Inner Traditions, 2008.

29. Lazlo, Ervin. *Science and the Akashic Field*, Inner Traditions, 2007.

30. Lazlo, Ervin. *The Akashic Experience*, Inner Traditions, 2009.

31. Lipton, Bruce H. *Spontaneous Evolution*, Hay House Inc, 2009.

32. Lipton, Bruce H. *The Biology of Belief*, Hay House Inc, 2008.

33. Lorenz, Edward N. *The Essence of Chaos*, The University of Washington Press, 1995.

34. Mc Taggart, Lynne. *The Field*, Harper-Collins Publishers, 2008.

35. Mc Taggart, Lynne. *The Intention Experiment*, Free Press. 2007.

36. Mandelbrot, Benoit & Hudson, Richard L. *The (Mis) Behavior of Markets, A Fractal view of Financial Turbulence*, New York: Basic Books, 2004.

37. Mitchell, Melanie. *Complexity: A Guided Tour*, New York: Oxford University Press, 2009.

38. Payne, John L. *Constelaciones Familiares para Personas, Familias y Naciones*, Spain: Ediciones Obelisco, S.L., 2009.

39. Prigogine, Ilya. *The End of Certainty: Time, Chaos, and the New Laws of Nature.* New York: The Free Press, 1997.

40. Radin, Dean I. *The Conscious Universe*, Harper Collins, 2009.

41. Rosenblum, Bruce & Kuttner, Fred. *Quantum Enigma*, New York: Oxford Univesity Press, 2006.

42. Roel, Santiago. *Between Order and Chaos: A Mexican crime-prevention success story.* www.prominix.com, 2008.

43. Roel, Santiago. *Can we Change Social Systems?* www.prominix.com, 2010.

44. Seife, Charles. *Decoding the Universe*, USA: Penguin Books, 2006.

45. Sheldrake, Rupert. *The Presence of the Past*, Park Street Press, 1995.

46. Sheldrake, Rupert. *Morphic Resonance*, Park Street Press, 2009.

47. Sheldrake, Rupert; McKeena, Terence; Abraham, Ralph. *The Evolutionary Mind*, Monkfish Book Publishing Company, 2005.

48. Schrödinger, Erwin. *What is Life?* Cambridge University Press, 1967.

49. Stein, Murray. *Jung's Map of the Soul*, Carus Publishing Company, 2010.

50. Stevens, Anthony. *Jung: A very Short Introduction*, Oxford University Press, 1994.

51. Strogaz, Steven. *Sync: How Order Emerges from Chaos in the Universe, Nature and Daily Life*, New York: Hyperion, 2003.

52. Taylor, Marc C. *The Moment of Complexity*. London: The University of Chicago Press, 2003.

53. Tarnas, Richard, *Cosmos and Psyche*, USA: Viking Penguin, 2006.

54. Tzu, Lao. *Tao Te Ching*, Ego Books, 2009.

55. Volkenstein, Mikhail V. *Entropy and Information*, Switzerland: Birkhauser Verlag AG, 2009.

56. Von Bertalanffy, Ludwig. *General System Theory*, New York: George Braziller, 1969.

57. Waldrop, Mitchell. *Complexity: The Emerging Science at the Edge of Chaos.* New York: Touchstone, 1992.

58. Walker, Evan Harris. *The Physics of Consciousness.* New York: Basic Books, 2000.

59. Wiener, Norbert. *Cybernetics or Control and Communication in the Animal and the Machine*, 2nd edition, MIT Press, 1961.
60. Wilber, Ken. *A Brief History of Everything*, Shambhala Publications, Inc., 2000.

Algunos Libros leídos después de escribir el ensayo y también recomendables.

1. Berman, Bob, Lanza, Robert. Biocentrism: How Life and Consciousness are the Keys to Understanding the True Nature of the Universe.
2. Bergson, Henri. Creative Evolution
3. Hoffer, Abram. Healing Schizophrenia: Complementary Vitamin & Drug Treatments
4. McTaggart, Lynne.The Bond.
5. Grof, Stanislav, Bennett, Hal Zina. The Holotropic Mind
6. Sheldrake, Rupert. The Science Delusion
7. Wilcock, David. The Source Field Investigations: The Hidden Science and Lost Civilizations Behind the 2012 Prophecies.
8. Fritjof Capra. The Tao of Physics: An Exploration of the Parallels between Modern Physics and Eastern Mysticism.

9. Fritjof Capra. The Web of Life: A New Scientific Understanding of Living Systems.

10. Donella, Meadows. Thinking In Systems: A Primer.

11. Schrödinger, Erwin, Penrose, Roger, Penrose, Roger What Is Life?: with "Mind and Matter" and "Autobiographical Sketches".

12. Foster, Harold D. What Really Causes Schizophrenia.

13. Wilber, Ken. The Essential Ken Wilber: An Introductory Reader, Shambhala Publications, Inc., 1998.